石油石化现场作业安全培训系列教材

断路作业安全

中国石油化工集团公司安全监管局
中国石化青岛安全工程研究院　组织编写

U0326217

中国石化出版社

HTTP://WWW.SINOPEC-PRESS.COM

图书在版编目（CIP）数据

断路作业安全 / 赵英杰主编；中国石油化工集团公司
安全监管局，中国石化青岛安全工程研究院组织编写．
— 北京：中国石化出版社，2017.6（2020.1 重印）

石油石化现场作业安全培训系列教材

ISBN 978-7-5114-4479-0

Ⅰ．①断… Ⅱ．①赵… ②中… ③中… Ⅲ．①安全生
产 – 安全培训 – 教材 Ⅳ．① X93

中国版本图书馆 CIP 数据核字 (2017) 第 126773 号

中国石化出版社出版发行

地址：北京市东城区安定门外大街 58 号
邮编：100011　电话：(010) 57512500
发行部电话：(010) 57512575
http://www.sinopec-press.com
E-mail:press@sinopec.com
北京富泰印刷有限责任公司印刷
全国各地新华书店经销

*

787×1092 毫米 32 开本 1.5 印张 28 千字
2017 年 6 月第 1 版　2020 年 1 月第 2 次印刷
定价：20.00 元

序

近年来相关统计结果显示，发生在现场动火作业、受限空间作业、高处作业、临时用电作业、吊装作业等直接作业环节的事故占石油石化企业事故总数的90%，违章作业仍是发生事故的主要原因。10起事故中，9起是典型的违章作业事故。从相关事故案例和违章行为的分析结果来看，员工安全意识薄弱，安全技术水平达不到要求是制约安全生产的瓶颈。安全培训的缺失或缺陷几乎是所有事故和违章的重要成因之一。

加强安全培训是解决"标准不高、要求不严、执行不力、作风不实"等问题的重要手段。

企业在装置检修期，以及新、改、扩建工程中，甚至日常检查、维护、操作过程中，都会涉及大量直接作业活动。《石油石化现场作业安全培训系列教材》涵盖动火作业、受限空间作业、高处作业、吊装作业、临时用电作业、动土作业、断路作业和盲板抽堵作业等所涉及的安全知识，内容包括直接作业环节的定义范围、安全规章制度、危害识别、作业过程管理、安全技术措施、安全检查、应急处置、典型事故案例以及常见违章行为等。通过对教材的学习，能够让读者掌握直接作业环节的安全知识和技能，有助于企业强化"三基"工作，有效控制作业风险。

安全生产是石油化工行业永恒的主题，员工的素质决定着企业的安全绩效，而提升人员素质的主要途径是日常学习和定期培训。本套丛书既可作为培训课堂的学习教材，又能用作工余饭后的理想读物，让读者充分而便捷地享受学习带来的快乐。

前言

　　直接作业环节安全管理一直是石油化工行业关注的焦点。为使一线员工更好地理解直接作业环节安全监督管理制度，预防安全事故发生，中国石油化工集团公司组织相关单位开展了大量研究工作，旨在规范直接作业环节的培训内容、拓展培训方式、提升培训效果。在此基础上，依据《化学品生产单位特殊作业安全规范》（GB 30871）等，编写了《石油石化现场作业安全培训系列教材》。该系列教材系统地介绍了石油石化现场直接作业环节的安全技术措施和安全管理过程，内容丰富，贴近现场，语言简洁，形式活泼，图文并茂。

　　本书是系列教材的分册，可作为断路作业人员、监护人员以及管理人员的补充学习材料，主要内容有：

　　　◆ 作业活动的相关定义；

　　　◆ 常见事故类型；

◆ 危害识别主要内容；

◆ 安全技术措施；

◆ 作业许可证；

◆ 安全职责；

◆ 应急措施；

◆ 急救常识；

◆ 典型事故案例等。

通过本书的学习，读者可以更好地掌握断路作业的安全技术措施和安全管理要求，熟悉工作程序、作业风险、应急措施和救护常识等。书中内容具有一定的通用性，并不针对某一具体装置、具体现场。对于特定环境、特殊装置的具体作业，应严格遵守相关的操作手册和作业规程。

本书由中国石油化工集团公司安全监管局、中国石化青岛安全工程研究院组织编写。书中选用了中国石油化工集团公司安全监管局主办的《班组安全》杂志的部分案例与图片，在此一并感谢。

由于编写水平和时间有限，本书内容尚存不足之处，敬请各位读者批评指正并提出宝贵意见。

目录

1 相关定义

🔔 1.1 断路作业

在化学品生产单位内交通主、支路与车间引道上进行工程施工、吊装、吊运等各种影响正常交通的作业。

🔔 1.2 断路申请单位

需要在化学品生产单位内交通主干道、交通次干道、交通支道与车间引道上进行各种影响正常交通作业的生产、维修、电力、通信等车间级单位。

🔔 1.3 断路作业单位

按照断路申请单位要求，在化学品生产单位内交通主干道、交通次干道、交通支道与车间引道上进行各种影响正常交通作业的工程施工和吊装吊运等单位。

🔔 1.4 道路作业警示灯

设置在作业路段周围以告示道路使用者注意交通安全的灯光装置。

🔔 1.5 作业区

为保障道路作业现场的交通安全而用路栏、锥形交通路标等围起来的区域。

2 常见事故类型

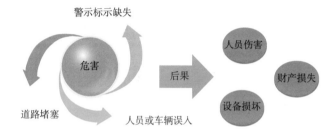

警示标示缺失

危害

道路堵塞　　人员或车辆误入

后果

人员伤害

财产损失

设备损坏

（1）未经许可在路面上进行施工作业，妨碍车辆或人员正常通行。

（2）人员或者车辆误入断路作业区，导致人员伤害或车辆受损。

（3）断路作业区域附近没有合适的警告标示或疏导分流，导致其他车辆发生交通事故。

3 危害识别主要内容

步骤	危害描述	主要后果	控制措施
作业前	不按要求办理断路作业许可证或安全作业证	交叉作业，引发事故	按要求办理作业许可证或安全作业证，现场确认审批
	未落实安全措施	人员伤害，设备损坏，财产损失	根据现场情况制定并落实安全措施，强化监督和检查
	未对作业人员进行安全技术交底	人员伤害，设备损坏	按要求进行作业前安全技术交底，作业人员签字确认
	没有监护人员，或监护不到位	出现紧急情况不能及时处理	监护人持证上岗，作业过程不得脱岗，强化监督和检查
	办理作业许可证后未通知相关部门	交叉作业，引发事故	严格按要求办理作业许可证，并通知各单位及相关部门
	工具、设备、设施不合格	引发事故，人员伤害	入场前和使用前进行安全检查，及时修复或更换设备工具
	作业区域未设置围栏、安全警示标志	人员伤害，设备损坏	设置围栏、警示牌、警示灯等，强化监督和检查

步骤	危害描述	主要后果	控制措施
作业中	未确认断路作业许可证上的内容，盲目作业	误工返工，财产损失	作业前确认作业内容，落实安全措施，进行安全技术交底
	作业人员防护用品配备不合理，使用不到位	人员伤害	按要求落实个人防护用品的配备和使用，强化监督和检查
	擅自变更断路作业的内容、范围或地点	设备设施损坏，人员伤害	严格按照作业许可证施工，如需变更必须重新办理许可证
	断路作业中损坏地上和地下设施	财产损失，设备损坏	按要求办理作业许可证，落实各项安全措施，异常情况及时停工，并报告相关单位
	无关人员进入断路作业区域	人员伤害，设备损坏	提高人员安全意识，设置围栏等警示标志，指定监护人
	夜间作业现场没有设置警示灯和围栏	人员伤害，设备损坏	夜间设置围栏、警示灯和警示标志，强化监督和检查
	涉及其他危险作业，未落实相应安全措施，未办理相应作业许可证	交叉作业，引发事故	按要求办理相关作业许可证，落实各项安全措施
完工后	未清理现场	违反规定，引发事故	及时清理现场，做好文明施工
	未撤除现场和路口的警示标志，阻碍交通	财产损失，人员伤害	及时撤除周围警示标志和围栏等，并告知相关部门

4 作业许可证

🔔 4.1 基本要求

作业前，断路所在单位应办理断路作业许可证或安全作业证。

如果在断路作业过程中，还涉及动火、受限空间、盲板抽堵、高处、吊装、临时用电、动土等作业时，除了应同时执行相应的作业要求外，还应同时办理相应的作业许可证。

07

🔔 4.2 作业流程

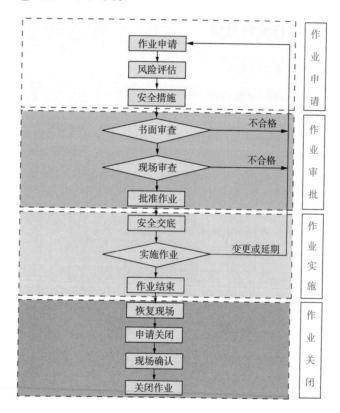

流程框图：

作业申请 → 风险评估 → 安全措施 ｜ 作业申请

书面审查 → 不合格
现场审查 → 不合格
批准作业 ｜ 作业审批

安全交底
实施作业 → 变更或延期
作业结束 ｜ 作业实施

恢复现场 → 申请关闭 → 现场确认 → 关闭作业 ｜ 作业关闭

🔔 4.3 作业许可证办理及审批

（1）断路所在单位和作业单位根据工作任务，对作业现场和作业过程中可能存在的危险、有害因素进行辨识，制定相应的安全措施。

（2）断路所在单位和作业单位填写断路作业许可证的相应内容，落实安全措施，在许可证上附断路地段示意图。断路地段示意图示例如下：

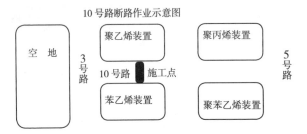

（3）断路所在单位将作业许可证交给消防部门和安全管理部门，对作业现场进行确认后，审核会签作业许可证。

（4）断路所在单位再将作业许可证交于工程管理部门进行现场确认和审批。

（5）审批完毕，断路所在单位和作业单位向作业人员进行安全技术交底，并组织人员实施作业。

（6）作业结束后，断路所在单位和作业单位相关人员在完工验收栏中签字，关闭作业许可证。

断路安全作业证

申请单位	公司工程	申请人		作业证编号	2015-5-01
作业单位	上海焊金科			作业分管负责人	
涉及相关单位（部门）	████炼焦公司				
断路原因	制作管廊管架				
断路时间	自15年5月7日18时00分 至 5月7日21时00分				
断路地段示意图及相关说明			中间六米路面上		
			15年5月7日9时00分		
改善标识	断路转向引道				

序号	安全措施		确认人
1	作业前，制定交通疏导方案（附图），并已通知相关部门或单位		
2	作业区、自断路的始，相距无道路上设置交通路障、路志，在作业前用点设置路障栏，相隔作业警示，予以标示交通警示办法		何平
	相同作业设置警示名目		何平
3	其他安全措施 在词作业故造 网络丽东新		何平
	编制人		
	现场安全教育负责人	译伟 王媛
申请单位意见	同意	签字 ████ 15年5月8日 时 分
作业单位意见	同意	签字 何平 15年5月8日 时 分
批准部门意见	王球科 同意	签字 孙文2时 5月8日 时 分
完工验收		签字 孙树 2015年5月8日 时 分

断路作业许可证不应随意涂改和转让，不应变更作业内容、扩大使用范围、转移作业部位或异地使用。

　　断路作业许可证或安全作业证由断路申请单位指定专人至少提前一天办理。

　　断路作业内容变更，作业范围扩大、作业地点转移或超过有效期限（在规定的时间内未完成），以及作业条件、作业环境条件或工艺条件改变时，应重新办理作业许可证。

　　一个作业点、一个作业周期、同一作业内容应办理一张作业许可证。

　　作业许可证一式三联，第一联由作业单位持有，第二联交断路所在单位保存，第三联由工程管理部门留存。

　　作业许可证应至少保存1年。

断路作业许可证样式：

申请单位		申请人		许可证编号	
作业单位				作业单位负责人	
涉及相关单位（部门）					
断路原因					
断路时间	自 年 月 日 时 分至 年 月 日 时 分止				

断路地段示意图及相关说明：

　　　　　　　　　　签字：　　　　年 月 日 时 分

危害辨识	

序号	安 全 措 施	确认人
1	作业前，制定交通组织方案（附后），并已通知相关部门或单位	
2	作业前，在断路的路口和相关道路上设置交通警示标志，在作业区附近设置路栏、道路作业警示灯、导向标等交通警示设施	
3	夜间作业设置警示红灯	
4	其他安全措施： 　　　　　　　　　　　　编制人：	

实施安全教育人				

申请单位意见
签字：　　　年　月　日　时　分
作业单位意见
签字：　　　年　月　日　时　分
审批部门意见
签字：　　　年　月　日　时　分
完工验收
签字：　　　年　月　日　时　分

🔔 4.5 安全技术交底

所有参与断路作业的人员应接受安全技术交底，交底内容主要有：

- ●作业名称、地点、时间；

- ●具体作业内容和要求；

- ●作业环境和危害；

- ●针对危害采取的预防措施；

- ●安全操作规程；

- ●相关规章制度；

- ●事故报告、避险和急救；

- ●作业人员、监护人员及相关监管人员确认交底，并签名；

- ●交底时间；

- ●其他内容或要求等。

5 安全职责

🔔 5.1 作业人员

（1）接受安全教育和安全技术交底，了解现场作业规章制度，明确作业内容、地点、时间、要求，熟知作业中的危害因素；

（2）对于违反作业许可证内容的强令作业、安全措施不落实等情况，有权拒绝作业；

（3）断路作业结束后应清理现场，不遗留安全隐患等。

🔔 5.2 监护人员

（1）对作业许可证中安全措施的落实情况进行认真检查，发现制定措施不当或落实不到位等情况时，应立即制止作业；

（2）对断路作业全程进行现场监护，作业期间不得擅离现场或做与监护无关的工作；

（3）发现违章行为应立即纠正；

（4）遇到意外情况，应及时制止作业，采取应急措施，并报告；

（5）作业完成后，检查作业现场，确认未遗留安全隐患等。

🔔 5.3 作业所在单位负责人

（1）负责交通组织方案的制定、安全措施的审查；

（2）向作业单位讲解作业任务和安全注意事项；

（3）确认安全措施的落实情况；

（4）纠正违章行为；

（5）在作业许可证上签署意见；

（6）作业完成后，完工验收等。

5.4 作业单位负责人

（1）负责安全措施的制定、审查和落实；

（2）指定作业监护人；

（3）向作业人员讲解作业任务和安全注意事项，并监督执行；

（4）纠正违章行为；

（5）在作业许可证上签署意见；

（6）作业完成后，完工验收等。

5.5 作业区域相关管理部门

（1）了解现场断路作业地点及周围环境情况；

（2）审查作业许可证上的安全措施落实情况；

（3）纠正违章行为；

（4）在作业许可证上签署意见，审批许可证等。

6 安全技术措施

🔔 6.1 作业之前安全措施

断路所在单位会同本单位相关主管部门制定交通组织方案，方案应能保证消防车和其他重要车辆的通行，并满足应急救援要求。

断路所在单位和作业单位应按批准后的交通组织方案和作业许可证，逐条落实安全措施，并通过电话、网络、对讲机、书面通知等形式对断路施工情况进行公告，确保相关单位和人员知情。

断路所在单位和作业单位对参与作业的人员进行安全教育，主要内容如下：

● 有关作业的安全规章制度；

● 作业现场和作业过程中可能存在的危险、有害因素及应采取的具体安全措施；

● 作业过程中所使用的个体防护器具的使用方法及使用注意事项；

● 事故的预防、避险、逃生、自救、互救等知识；

● 相关事故案例和经验、教训等。

进入作业现场的人员应按规定正确佩戴使用相应的个人防护用品。

断路所在单位应会同作业单位组织作业人员到现场，了解和熟悉现场环境，进一步核实安全措施的可靠性，熟悉应急救援器材的位置及分布。

根据预案，准备救护设备和灭火设备。

断路作业单位对作业现场及作业涉及的设备、设施、工器具等进行检查，并使之符合如下要求：

● 作业现场消防通道应保持畅通；

● 影响作业安全的杂物应清理干净；

● 作业现场的梯子、栏杆、平台、箅子板、盖板等设施应完整、牢固，采用的临时设施应确保安全；

● 作业现场可能危及安全的坑、井、沟、孔洞等应采取有效防护措施，并设警示标志，夜间应设警示红灯；

前方施工

● 作业使用的个体防护器具、消防器材、通信设备、照明设备等应完好；

● 作业使用的脚手架、起重机械、电气焊用具、手持电动工具等各种工器具应符合作业安全要求；超过安全电压的手持式、移动式电动工器具应逐个配置漏电保护器和电源开关。

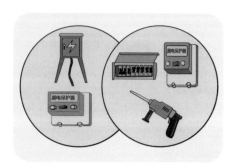

☖ 6.2 作业过程安全措施

作业单位按照断路作业许可证的内容，向断路所在单位确认无误后，即可在规定的时间内组织进行断路作业。

断路作业许可证未经批准，严禁实施断路作业。

作业时，作业人员应遵守本工种安全技术操作规程，多工种、多层次交叉作业应统一协调。

特种作业和特种设备作业人员应持证上岗。患有职业禁忌症者不应参与相应作业。

对于需要断路后进行吊装的作业，尽量将吊物组装好再运往现场占道吊装，减少现场作业时间。

用于断路作业的工具、材料等应放置在作业区域内或其他不影响正常交通的场所。

断路作业单位应根据需要在作业区相关道路上设置作业标志、限速标志、距离辅助标志等交通警示标志，以确保作业期间的交通安全。

断路作业单位应在作业区附近设置路栏、锥形交通路标、道路作业警示灯、导向标等交通警示设施。

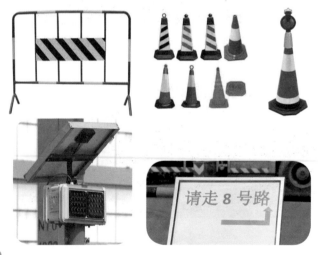

在道路上进行定点作业，白天不超过 2 小时、夜间不超过 1 小时即可完工的，在有现场交通指挥人员指挥交通的情况下，只要作业区设置了完善的安全设施，即白天设置了锥形交通路标或路栏，夜间设置了锥形交通路标或路栏及道路作业警示灯，可不设标志牌。

在夜间或雨、雪、雾天进行作业应设置道路作业警示灯，警示灯设置要求如下：

- 采用安全电压（36V 以下）；
- 设置高度应离地面 1.5m，不低于 1.0m；

● 其设置应能反映作业区的轮廓；

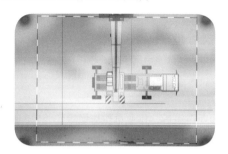

● 应能发出至少自 150m 以外清晰可见的连续、闪烁或旋转的红光。

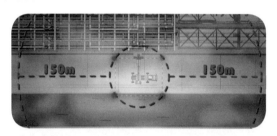

断路作业在较长路段施工时，应在该路段两头十字路口处，设置"前方施工、绕道行驶"警示牌。

当现场生产装置出现异常，可能危及作业人员安全时，生产车间（分厂）应立即通知作业人员停止作业，迅速撤离。

当作业现场出现异常，可能危及作业人员安全时，作业人员应停止作业，迅速撤离，作业单位应立即通知生产单位。

🔔 6.3 作业结束安全措施

断路作业结束后，作业单位应撤除作业区、路口设置的路栏、道路作业警示灯、导向标等交通警示设施，尽快恢复正常交通。

作业单位应恢复作业时拆移的盖板、箅子板、扶手、栏杆、防护罩等安全设施的安全使用功能；将作业用的工器具、脚手架、临时电源、临时照明设备等及时撤离现场；将废料、杂物、垃圾、油污等清理干净。

断路所在单位应对作业结束后的现场进行检查核实，并报告有关部门恢复交通。

7 应急处置和急救措施

🔔 7.1 应急处置

断路所在单位应根据作业内容会同作业单位，制定相应的事故应急措施，并配备有关器材。

通过实施安全教育，断路所在单位和作业单位使现场作业人员了解应急常识，如应急程序、紧急情况报告要求、遇到意外时的处理和救护方法等。应急救援人员和急救人员应经过专业培训，具备相应技能。

动土挖开的路面应做好临时应急措施，保证消防车的通行。

发生事故后，现场人员应立即采取措施，尽可能切断或隔离危险源，防止救援过程中出现次生灾害。同时开展现场

救护、请求应急救援和上报事故信息等工作。

报警

工艺处理

应急救援人员赶赴现场后，应采取有效措施对事故现场进行隔离和保护，在确保自身安全的前提下有条不紊地实施救援。严禁无关人员进入事发现场。

急救人员应尽快赶往现场。对于事故中的轻伤人员，应在现场采取可行的救护措施，如包扎止血等，防止受伤人员因流血过多而导致更大伤害。对于重伤人员，在采取必要的救护措施后，应立即送往医院进行救治。

♤ 7.2 常用急救措施

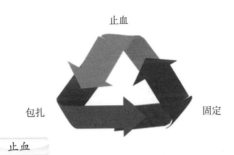

止血

包扎   固定

止血

紧急止住伤口流血的主要方法：创口手压止血法、指压动脉止血法、加压包扎止血法、止血带止血法。

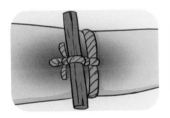

（1）创口手压止血法

用拇指、手掌（衬垫辅料）紧压创口的出血处，是最简单、迅速的止血方法。作为临时应急措施，不宜长时间使用，也不便于搬运，应及时更换其他止血方法。

（2）指压动脉止血法

适用于四肢近端及头面的动脉及大静脉出血。用手指将出血部位动脉的近心端用力压在邻近的骨骼上，阻断血液来源。该方法是对外出血的常见急救方法。

（3）加压包扎止血法

将消毒纱布或清洁织物覆盖伤口上，然后进行包扎。若包扎后仍有较多渗血，可继续增加绷带，适当加压止血。

（4）止血带止血法

对下肢伤口出血的伤员，应让其以头低脚高的姿势躺卧，将消毒纱布或清洁织物覆盖伤口上，用绷带或者选择弹性好的橡皮管、橡皮带等紧紧包扎止血。对上肢出血者，捆绑位置在其上臂 1/2 处；对下肢出血者，捆绑位置在其大腿 2/3 处，通过适当压迫来止血。每隔 25 ~ 40 分钟放松一次，每次放松 0.5 ~ 1 分钟。

骨折固定

对骨折的伤员，应利用木板、竹片和绳布等捆绑骨折处的上下关节，固定骨折部位，也可将其上肢固定在身侧，将下肢绑在一起。

（1）下肢自体固定

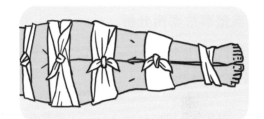

（2）前臂骨折临时固定

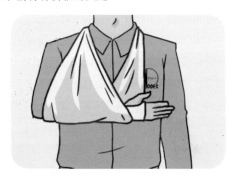

（3）胸椎、腰椎骨折固定

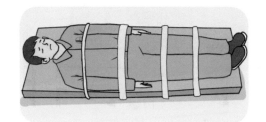

8 典型事故案例分析

  某承包商在石化企业公用工程及配套辅助设施区域进行施工作业。某日 12 时 30 分左右，起重工王某、谢某及普工陶某等 4 人来到两条道路交叉口处的公用管廊附近，利用 25t 吊车吊装一根直径为 100mm、长 8.35m、一端焊有弯头的管道至 10m 高的管廊上。王某安排陶某用载重 2t 的吊装带单圈捆绑管道的中间部位、用卸扣固定后开始起吊，王某操作揽风绳溜尾。13 时 10 分左右，管道提升至 11m 左右时撞到管廊钢结构横梁并发生倾斜。在碰撞过程中捆绑点松动、滑移，致使管道滑落。管道带有弯头一端着地后弹起，击打在位于断路作业区内、距吊车尾部 4m 左右的、来自另一家承包商的王某某头部，导致王某某受伤倒地，抢救无效死亡。

事故直接原因：

过路人员王某某违章进入断路作业区内，被坠落后弹起的管道砸中头部。

事故间接原因：

（1）吊物捆绑不牢。吊装的管道只捆绑了1圈、用卸扣固定，埋下了安全隐患。

（2）人员操作不当。吊装管道与管廊钢结构横梁发生碰撞后，起重工王某松开了揽风绳，吊装管道方向失控。

（3）现场监护不到位。过路人员王某某安全意识淡薄，虽被现场监护人制止，但依然违章进入断路作业区域。

（4）作业管理混乱。作业前没有向吊车司机进行交底，吊车司机不清楚管道的具体吊装位置，起吊速度过快造成管道与管廊顶层横梁发生碰撞。